AF582283

PROJET
D'Exposition Flottante

CROISIÈRE COMMERCIALE

PAR

Henry BACHRUCH

Conseiller du Commerce Extérieur de la France
Membre du Comité du Commerce Extérieur

POITIERS
IMPRIMERIE MAURICE BOUSREZ
4, RUE SAINT-PORCHAIRE, 4

1906

Projet d'Exposition Flottante

RAPPORT

PRÉSENTÉ AU

COMITÉ DU COMMERCE EXTÉRIEUR

PAR

Henry BACHRUCH

Dans le but de venir en aide au Commerce et à l'Industrie française dans leur expansion à l'étranger, j'ai émis le projet publié en Mars 1902, qu'il fut créé une Exposition de différentes marchandises et échantillons embarqués sur un grand vapeur qui aurait pour mission de visiter par étapes successives les différents ports de mer du monde.

L'Allemagne la première a mis en pratique l'idée de ces croisières emportant des échantillons et marchandises, en faisant visiter les ports de l'Orient et de l'Afrique. Ces voyages étaient organisés par le Norddeutscher Lloyd avec l'appui du Gouvernement, les subventions des différentes Chambres de Commerce et des villes Hanséatiques.

Les autorités allemandes avaient fait le nécessaire auprès de leurs

Consuls pour faciliter la tâche du personnel. Il ne nous a pas été possible d'obtenir des chiffres exacts et des données sérieuses sur son résultat pratique. — Ceci se comprend, l'Allemagne n'ayant aucun intérêt de divulguer des renseignements ne regardant que ses nationaux et son Commerce extérieur. — Ce qui paraît certain c'est que l'initiative prise et l'élan donné ont été avantageux pour ses relations commerciales.

On peut aussi donner comme exemple à suivre l'initiative prise par l'Ecole de Commerce de Cologne.

D'après le bulletin de la Chambre de Commerce française de Liège, cette école vient d'organiser un voyage d'études sous la conduite de quelques Professeurs, pour améliorer l'éducation professionnelle des futurs commerçants et en accentuer le caractère pratique.

Ce voyage a été fait tout récemment dans différents ports d'Europe: Hambourg, Rotterdam, Lisbonne, Marseille, Gênes et un port d'Afrique: Tanger. Ce voyage a duré un peu plus de trois semaines et a réuni 72 élèves.

Un vapeur de l'Ost Africa Linie a pris les jeunes gens à bord à Hambourg.

Les frais du voyage se sont élevés à 40.000 marks et ont été supportés par les participants, ce qui fait donc 550 marks ou francs 680 environ par personne.

L'idée dominante de l'organisation était de donner aux jeunes gens un aperçu du mouvement maritime et de l'organisation commerciale des différents ports visités, de leur montrer l'influence de la situation géographique sur l'avenir des ports et aussi de faire ressortir comment le caractère entreprenant et laborieux d'un peuple peut l'emporter sur des rivaux avantagés par les conditions naturelles de la situation géographique.

Dans chacune de ces villes on visita les industries de la place et on étudia le mouvement commercial et maritime des ports.

Partout les excursionnistes pouvaient compter sur le meilleur accueil, les représentants et Consuls allemands s'étaient entendus avec les gros industriels et négociants pour recevoir les élèves.

Ce voyage d'études est sans doute le plus important qui ait été entrepris par une école de commerce.

On pouvait craindre qu'il ne dégénérât rapidement en partie de plaisir ; mais il paraît que tel ne fut pas le cas.

Les Etats-Unis mettent également en pratique le projet de croisières avec échantillons de marchandises. On a décidé l'envoi d'un bateau chargé de visiter Panama, la Havane, l'Amérique du Sud.

L'Exportation de l'Allemagne et de l'Amérique progresse d'une manière considérable.

Le développement des établissements allemands dans les grands centres, et l'augmentation énorme du trafic de leurs lignes de navigation favorisent l'essor de leur commerce.

Nos voisins luttent sur tous les marchés du monde pour enlever à la France sa clientèle.

Ainsi la statistique donne pour 1904 les chiffres suivants :

		EXPORTATIONS		IMPORTATIONS
		—		—
Etats-Unis.....	francs	7.592.000.000	francs	5.587.000.000
Angleterre.....	—	9.275.000.000	—	13.775.000.000
Allemagne.....	—	6.504.000.000	—	8.477.000.000
France.........	—	4.451.000.000	—	4.502.000.000
Russie.........	—	2.540.000.000	—	1.152.000.000
Italie..........	—	1.615.000.000	—	1.818.000.000
Pays-Bas......	—	4.097.000.000	—	4.783.000.000
Belgique.......	—	2.183.000.000	—	2.782.000.000

Des chiffres ci-dessus il ressort que la France n'arrive qu'au

Quatrième rang pour les Exportations qui se trouvent inférieures de *Deux Milliards Cent Millions* à celles de l'Allemagne, de *Trois Milliards Cent Millions* à celles des Etats-Unis.

D'autre part, en comparant les chiffres du Commerce général de l'Allemagne de 1905 avec ceux de 1904, on trouve une progression de :

francs 467 Millions à l'Exportation
et de francs 225 Millions à l'Importation

Soit ensemble une augmentation de 692 Millions

Pour la France, la progression en 1905 sur 1904 est de :

francs 310 Millions à l'Exportation
et de francs 171 Millions à l'Importation

Soit ensemble une augmentation de 481 Millions

D'après ces chiffres on peut voir combien nous restons en arrière.

Nous devons donc nous efforcer par tous les moyens d'étendre notre commerce, d'augmenter nos facultés de vente et d'échange, pour occuper dans le monde entier une place économique plus avantageuse.

Un grand nombre d'articles français ne sont pas bien connus à l'étranger faute d'avoir été offerts et bien présentés, sur lesquels pèse souvent le préjugé de prix plus élevés que certains produits de nos voisins, quoique après examen plus attentif on peut se rendre compte que tout en produisant généralement une qualité supérieure, plus fine, plus artistique, nous sommes en mesure aussi de pouvoir lutter avec les prix.

Un moyen puissant de donner un nouvel élan à l'extension de nos affaires serait l'organisation d'une Exposition flottante, dont je vais essayer de développer le projet, en prenant aussi en considération la question agitée en ces temps derniers : celle de croisières d'études commerciales pour les jeunes français, dans le but d'étendre leurs connaissances pratiques.

Ce projet me paraît mériter l'attention du monde commercial, car il est de nature à donner satisfaction d'abord aux commerçants, dont il fera connaître les produits, et aussi à nos jeunes nationaux en leur permettant de compléter leurs études en visitant différents Etats pour y présenter et faire valoir nos produits.

Le Rapporteur Général du Congrès du Commerce de 1905, M. Edouard Rousselot, paraît être également partisan d'une expédition comme nous le proposons, en recommandant une croisière commerciale, il conclut dans son Rapport :

« Notre Marine comprend des unités dans le genre du Cha-« teaurenault, bâtiment déjà ancien, mais possédant les qualités « de sécurité et de vitesse désirables pour ce projet. Leur valeur « militaire ayant beaucoup diminué, ils servent surtout de « transports, et leur affectation à notre croisière ne nuirait en « rien à la défense maritime. On aurait ainsi l'appui officiel du « Gouvernement, des officiers, un équipage de valeur, un bâti-« ment offrant toutes les garanties. Les frais seraient considé-« rablement réduits puisque la location du navire ne serait plus « à compter, et l'on aurait la facilité d'embarquer plus de pas-« sagers. Il est bien entendu que l'Etat participant à cette « Institution, des conditions pourraient être exigées des can-« didats. Ces questions de détail seraient à étudier dans la « suite. »

En ce qui concerne l'ingérence de l'Etat, supposant qu'il consente à mettre à notre disposition un navire, il serait raisonnable de ne pas lui demander d'intervenir dans tous les détails de l'organisation qui est du domaine purement commercial.

Il est préférable de ne solliciter que son appui et son bienveillant concours.

Organisation

1° La mise en application de ce projet aura lieu sous la Direction des Ministres du Commerce, de la Marine, des Chambres de Commerce, du Comité des Conseillers du Commerce Extérieur, des Syndicats, du Comité des Expositions Françaises à l'Etranger, et les subventions de ces différentes Institutions et corps constitués

2° Vu son utilité, l'Etat devra y contribuer pour une bonne part, en mettant à notre disposition un de ses vapeurs.

3° Les Ministres et les corps ci-dessus mentionnés nommeraient un Comité de Direction.

4° Les demandes d'admission des Exposants seraient soumises à l'approbation du Comité.

5° Chaque Exposant serait astreint à un droit proportionnel à l'importance et à l'espace occupé par ses produits.

Pour l'établissement de ce droit, il faudrait tenir compte du nombre des Exposants, de la nature des marchandises, de l'emplacement utilisable dans le navire et de la possibilité de récupérer les frais ou au moins une grande partie.

6° Le Comité aura à décider sur l'opportunité d'exposer tel ou tel produit afin de ne pas encombrer le navire avec des articles n'ayant pas de chances de placement.

A l'aide de la statistique fournie par les rapports consulaires et autres, il sera possible de donner des indications aux Exposants sur les chances de trouver des débouchés dans la croisière projetée.

7° Les marchandises et échantillons admis par la Commission de réception devront être exclusivement de production française.

8° Il serait recommandé de faire les prix en monnaie des pays à visiter, soit en Livres Sterling, Lire, Pesetas, Florins, Dollars, etc., et d'ajouter les frais d'expéditoin et les droits de Douane.

Ainsi les Exportateurs allemands établissent toujours les prix en monnaie du pays, droits et frais d'expédition compris ce qui est plus facile pour les acheteurs et attire leur préférence.

9° Si des commerçants éprouvent des difficultés dans l'établissement des prix en monnaie étrangère à cause des droits de douane et de port, les employés de l'Exposition seraient chargés de les renseigner sur ces points et de les aider à faire les calculs nécessaires.

10° Pour le mode de paiement, les autres pays exportateurs offrent couramment six mois de crédit et quelquefois davantage, nous devrions faire de même, car la préférence sera toujours donnée à qui offrira le plus long terme.

11° Les marchandises exposées ne le seraient qu'à titre d'échantillons et ne seraient pas à vendre. Cependant pour certains articles n'offrant pas d'inconvénient à être échantillonnés et dont il y aurait une certaine quantité à bord, suffisante pour pouvoir en fournir pendant la durée du voyage, il pourrait être prélevé de petites fractions suivant accord avec les Exposants.

Ces échantillons seraient remis aux acheteurs sur demande, comme par exemple : vins, liqueurs, étoffes, tissus, produits chimiques, parfumerie, etc. Des Exposants pourront aussi être autorisés à remplacer les échantillons défraîchis en cours de route.

12° Les marchandises ne devraient pas être de grandes dimensions pour pouvoir être placées sans inconvénient dans les salons et espaces disponibles du navire.

Nous n'avons pas la prétention de pouvoir faire une Exposition de tous les produits, ce qui serait impossible, mais seulement de ceux permettant à un grand nombre de commerçants d'exposer dans un espace relativement restreint.

13° Quant aux Industriels qui n'auraient pu être admis la première fois, faute de place, il sera tenu compte de leur demande pour un deuxième voyage, si toutefois leurs produits entrent dans le cadre des objets admissibles comme dimensions et ayant des chances d'être vendus dans les pays à visiter.

Rien n'empêche d'ailleurs de renouveler ces voyages avec des marchandises nouvelles, si les résultats sont satisfaisants.

14° Des hommes de l'équipage seraient chargés de l'entretien des marchandises exposées.

15° Tous les objets de valeur devront être assurés par les Exposants.

16° L'assurance de l'installation nécessaire pour l'Exposition, en dehors de toute marchandise, sera faite par les soins du Comité.

Personnel

La partie commerciale du personnel se composerait d'un Directeur et d'un certain nombre d'employés suivant besoin.

Nous croyons qu'on pourrait parfaitement utiliser les services d'une trentaine de jeunes gens qui auraient la pratique des langues des pays à visiter, qui auraient fait de bonnes études commerciales, et déjà tenu un emploi dans le commerce.

Ils seraient nourris à bord et il pourrait leur être alloué, pour la durée de la croisière, des appointements mensuels variant suivant les aptitudes et connaissances spéciales des catégories de marchandises à vendre, plus un intérêt accordé à la fin du voyage par une commission de répartition.

Cet intérêt — naturellement supporté par les Exposants — serait calculé au prorata des appointements sur les ordres fermes obtenus de maisons solvables, pour les marchandises exposées.

Nous croyons utile de promettre cette commission pour les engager davantage à donner tout leur zèle et leur activité dans le placement des produits.

Le Directeur participerait également et dans les mêmes conditions à cette répartition. Les émoluments à lui allouer seraient à établir par le Comité suivant la personnalité qu'il choisira pour être mise à la tête de cette entreprise.

L'Etat aurait la faculté de recommander parmi ces jeunes gens quelques boursiers qui seraient admis par voie de concours. Bien entendu qu'une partie de la bourse qui leur est affectée serait versée à la Caisse du Comité en compensation d'une partie des frais du voyage.

Il serait possible d'engager aussi par voie de concours comme volontaires quelques jeunes gens sortant des Ecoles Commerciales qui n'auraient à supporter que leurs frais de nourriture.

Tous les employés relèveront de l'autorité du Directeur qui aura plein pouvoir pour les diriger.

Il y aura lieu pour le Comité d'élaborer un règlement intérieur concernant le personnel.

En cas de manquement grave de tout attaché dont la conduite pourrait jeter la défaveur sur cette entreprise nationale, ou qui pourrait porter atteinte à la réussite du voyage, le Directeur pourra exiger son départ et renoncer à ses services.

Dans ce cas, il lui sera alloué une indemnité de retour en France.

Il est naturel que ces croisières ne devront pas tourner en parties de plaisir, afin de donner des résultats satisfaisants au commerce en compensation des sacrifices faits.

Dans la composition de ce petit Etat-Major, je voudrais qu'on engage aussi deux ou trois voyageurs de commerce expérimentés connaissant la vente et sachant présenter un article; peu importe l'école de laquelle ils seraient sortis, il ne faudrait tenir compte que de leurs aptitudes de vendeurs. Les jeunes gens ne pourront que profiter de l'expérience de ces Messieurs.

Attributions des Employés

Arrivés dans un port, les employés auraient à se mettre en rapports avec le Consul de France et avec la Chambre de Commerce Française, s'il en existe une, pour se renseigner au point de vue des crédits et des chances de placement des différents produits exposés.

Ils auront à porter leur arrivée à la connaissance des commerçants, et à les inviter à venir visiter l'Exposition en fixant les jours et heures où celle-ci sera visible.

Cette exposition, tout en ayant pour but de chercher à acquérir de nouveaux débouchés et à nouer des relations avec le négoce des places visitées, aurait peut-être intérêt à ne pas être trop publique ; il serait préférable de recevoir seulement les commerçants sur invitation.

Il sera nécessaire de faire remarquer aux commerçants visitant l'Exposition que notre intention n'est pas de leur faire concurrence en faisant des ventes au détail, mais que nous ne voulons traiter qu'avec le négoce et l'industrie exclusivement.

Aux jours d'exposition fixés les Employés, ainsi que le Directeur ne devront pas quitter le bord pour pouvoir donner utilement tous les renseignements demandés sur les prix des marchandises, modes de paiement, d'expédition, d'emballage, etc., mettre les commerçants de la place en rapports directs avec les Exposants, se charger au besoin, sur demande et à titre gracieux, de la première correspondance nécessaire et communiquer, en cas de commande obtenue, les références sur le crédit et l'honorabilité des acheteurs.

Ces références seraient prises avec l'appui du Consul auprès des Banques de la place, et sous le contrôle du Directeur, pour offrir toutes garanties possibles. Elles seraient données au mieux en laissant aux commerçants le soin de les contrôler.

Aucune responsabilité n'incombera à l'Exposition pour toutes les affaires engagées ou facilitées.

Tout en ayant une catégorie de marchandises à présenter suivant leurs connaissances particulières les jeunes gens se devront à l'œuvre entière et auront à s'occuper de tous les articles.

En outre de leurs fonctions concernant la représentation, les employés seraient chargés de se rendre compte des besoins du pays, de recueillir des échantillons de marchandises d'une vente courante sur chaque place et de fournir des descriptions détaillées des objets qu'ils ne pourraient pas se procurer comme échantillons ; ils feraient à ce sujet des rapports qui seraient envoyés au Comité sous le Contrôle du Directeur.

Au retour du voyage les marchandises et échantillons étrangers recueillis ou achetés pendant la croisière par les employés seront exposés à l'Office du Commerce Extérieur avec toutes les indications et descriptions détaillées pour être communiquées aux intéressés français.

Les employés seraient également chargés de s'informer des matières premières qui pourraient être importées avec bénéfice en France, matières que notre industrie pourrait utiliser avantageusement. Le Comité réunira tous les rapports, il notera les articles susceptibles d'être placés. Ces renseignements seront portés à la connaissance des intéressés.

Itinéraires

On pourrait organiser trois croisières successives.

Un départ pourrait avoir lieu du Hâvre, un autre de Marseille et un troisième de Bordeaux.

Les navires partant des trois points précités pourraient être chargés de préférence avec les produits de la région, sans cependant en exclure d'autres.

Par exemple, le navire partant du Hâvre emporterait à son bord les articles de Paris, les draps, tissus et cotonnades d'Elbeuf, de Rouen, la lingerie, la mercerie, la passementerie, les confections, articles de modes, fleurs et plumes, la maroquinerie, les cuirs travaillés, la chapellerie, les vins de Champagne et de Bourgogne, les machines de petites dimensions, outils, les articles du Jura et de bazar, ustensiles de ménage, parfumerie de Paris, l'orfèvrerie, la bijouterie, l'horlogerie, la bijouterie fausse, la quincaillerie. Pour les machines de grandes dimensions, comme machines agricoles, moteurs, locomotives, matériel de grosse métallurgie, on pourrait emporter des plans et catalogues avec notices explicatives.

Le vapeur partant de Marseille porterait des huiles, savons, produits chimiques de la région, les soieries, tissus, étoffes, rubans de Lyon, de Saint-Etienne, les vins de l'Hérault, du Gard, de l'Aude, les parfumeries et essences de Grasse, Cannes, Nice, les papiers peints et autres produits.

Le navire partant de Bordeaux se chargerait tout naturellement de la représentation des vins, cognacs, eaux-de-vie, porcelaines de Limoges, coutellerie, ferronnerie.

On pourrait réserver aussi une petite place pour quelques échantillons de produits de nos Colonies d'Afrique et d'Asie qui trouveraient un placement presque certain.

Je citerai entre autres des Phosphates de Tunisie et d'Algérie, des riz de l'Indo-Chine, du minerai de fer d'Algérie. Ainsi le riz d'Indo-Chine commence sur certains marchés à être préféré à celui de Birmanie. Les phosphates, les minerais de nos Colonies sont également recherchés.

Un des voyages pourrait comprendre les ports de la Hollande, du Danemark, de la Suède, de la Norvège, les ports de la Baltique, l'Ecosse, l'Angleterre, l'Irlande, le Canada et les Etats-Unis.

Une autre croisière ferait les ports de l'Espagne, du Portugal, du Maroc, la Tripolitaine, l'Italie du Sud, la Sicile, l'Egypte, la Grèce, la Turquie, les ports de la mer Noire et de la Russie méridionale.

Dans un autre voyage on visiterait le Mexique, les Antilles, le Brésil, l'Uruguay, la République Argentine, le Paraguay, le Chili.

Un navire serait dirigé sur les Indes Anglaises, l'Indo-Chine, les Indes Hollandaises, la Chine, le Japon, les Philippines, l'Australie.

Ces itinéraires pourraient être sujets à modifications suivant les combinaisons à étudier.

Ouverture de Comptoirs Français

Sur les places où la France n'a pu avoir jusqu'à présent des débouchés sérieux, mais où on pourrait avec profit lancer ses produits, nos agents commerciaux auraient à proposer la création d'un comptoir de vente d'articles exclusivement français.

Pour cette installation, l'acceptation des services d'un des jeunes gens qui voudrait s'établir sur ces places serait toute indiquée.

Dans ce cas, ils auraient à fournir un rapport détaillé sur les chances de vente, sur l'état du marché, les chiffres de l'importation et de la consommation locale de certains articles ainsi que de leur provenance, les prix pratiqués, et les usages de la place.

Partout où cette installation serait trop dispendieuse, le Directeur essaiera de recommander des représentants sérieux qui lui paraîtront remplir toutes les qualités désirables.

Le Comité prêtera son concours aux commerçants ou industriels disposés à entreprendre les affaires proposées et qui voudront faire les premiers frais nécessaires pour l'organisation d'un Comptoir de vente à frais communs.

Pour le choix du représentant, il faudra recommander des personnes connaissant à fond le pays, ainsi que sa langue, rompues aux affaires et jouissant d'une bonne renommée.

A l'appui de l'utilité de l'organisation des Comptoirs de vente proposée, nous devons faire remarquer l'initiative prise tout nouvellement par le Gouvernement Autrichien d'organiser un Office central d'Exportation pour l'Autriche-Hongrie composé d'Industriels, de Commerçants et de Banques. Cet office donnera une grande impulsion à l'exportation en encourageant les industriels, en leur indiquant les places où leurs produits sont susceptibles d'être vendus et en fondant des succursales et comptoirs dans toutes les régions où le commerce autrichien a trouvé des débouchés ou est en mesure d'en créer.

Musées Commerciaux

Les Agents accompagnant notre Exposition indiqueront au Comité les places où l'organisation et l'ouverture d'un Musée Commercial pourraît être utile. Ils devront en étudier le projet, le fonctionnement, faire des devis du coût de la location de l'immeuble ou d'une partie d'immeuble ou mieux, en donnant les chiffres exacts pour loyer, frais, etc.

Ces Musées sous le contrôle et la surveillance des Consuls et Attachés commerciaux rendraient des services en constituant une première mise en valeur et mise en vedette pour les personnes s'occupant de nos produits.

L'installation de ces Musées commericaux a été demandée et préconisée par un grand nombre de nos Consuls. Il en existe déjà — comme par exemple au Mexique — qui rendent des services appréciables et sont visités souvent par les commerçants du pays, la propagande par les yeux donnant toujours de meilleurs résultats.

Notre ennemi est, comme en tout, la routine, la crainte du nouveau, les premiers frais et quelques risques de début qu'on ne veut pas courir et qui sont cependant la seule manière de lancer quelque chose et d'arriver à des résultats satisfaisants dans la suite.

Notre Exposition Flottante pourra donner aussi l'idée à nos industriels de fonder des Associations d'Exportation en imitant l'organisation de la Société allemande d'exportation de la Saxe, pour n'en citer qu'une.

Cette Société a été fondée en 1885.

Chaque sociétaire paie une cotisation annuelle de 25 francs, il a droit à tous les documents et informations publiées, plus un emplacement à l'Exposition annuelle de Dresde.

Elle occupe des voyageurs en Europe, en Afrique et en Amérique qui étudient les marchés et nouent des relations.

Depuis dix ans, elle a dépensé 460.000 francs en frais pour étudier les différents marchés du monde.

Ses représentants renseignent sur les habitudes des négociants, leur manière de correspondre, la réclame à faire, les emballages à employer ; ils donnent même des indications sur la manière d'envelopper les différents objets en envoyant des photographies locales d'actualité, pouvant servir d'ornements.

Les banquiers allemands facilitent sérieusement leur commerce d'exportation, en accordant de longs crédits à leurs clients et en escomptant leur papier d'outre mer : c'est une chose qui manque en France et on s'en plaint : elle ne serait pas difficile à créer et nous obtiendrions d'aussi bons résultats qu'en Allemagne.

Les sacrifices que la France a faits pour sa marine marchande sont considérables.

Encore tout récemment, le Parlement a voté des primes très élevées pour la construction des navires marchands :

145 francs par tonneau de jauge brute pour les Vapeurs;

95 francs par tonneau de jauge brute pour les Voiliers.

Dans la circonstance présente, on doit pouvoir compter sur le concours de la Marine pour mettre à notre disposition le vapeur que nous lui demandons.

Nous devons ajouter un fait qui a beaucoup contribué à l'essor pris par le commerce extérieur allemand, c'est l'intiative prise par les Compagnies maritimes allemandes d'augmenter considérablement la fréquence des départs de leurs navires en desservant les principaux ports de toutes les nations.

N'est-il pas étonnant qu'une grande partie du trafic français soit fait par des Compagnies étrangères comme la Hamburg America Linie ou le Norddeutscher Lloyd?

Les Compagnies françaises doivent aller de l'avant également et ne pas attendre tout de l'Etat; elles aussi doivent progresser, rendre les départs bien plus fréquents, améliorer leurs services et le confort du bord qui ne peut être mis en comparaison avec les bateaux étrangers.

Les statistiques prouvent surabondamment qu'elles auraient largement de quoi assurer leur fret dans les voyages à l'aller et au retour. Ainsi actuellement, les Messageries Maritimes, la Compagnie Générale Transatlantique, les Chargeurs Réunis, ont toute leur flotte occupée; aucune réserve n'est disponible et tous les bateaux sont en service.

Faisons preuve de cet esprit d'initiative et d'entreprise qui a permis à nos voisins de nous devancer et de conquérir une des premières places dans la marine du monde.

Efforçons-nous de reprendre notre rang, la prospérité matérielle et morale du pays est à ce prix.

Il faut avoir la hardiesse de mettre à exécution une idée si nous la trouvons bonne, la tenacité nécessaire pour en poursuivre la réalisation.

Vous savez quelles sont les prévisions budgétaires, pour 1907, du Ministre des Finances, annonçant un déficit de plus de Deux Cents Millions.

Il y aura aussi à trouver des ressources considérables pour l'accomplissement des nouvelles réformes sociales votées ou en discussion, mais dont le principe a été accepté.

Vu les nouvelles charges qui nous menacent, nous devons faire un effort énergique pour donner un grand essor au commerce et à l'industrie de la France.

CONCLUSIONS

VŒUX :

1° Qu'une Commission provisoire de 15 membres soit nommée pour étudier la mise en pratique de ce projet.

2° Que cette Commission se mette en rapports avec les Ministres du Commerce et de la Marine pour solliciter leur concours effectif.

3° Ce concours obtenu ou promis, la Commission demandera l'adhésion des Chambres de Commerce, Syndicats et Sociétés pour l'encouragement de l'Exportation ainsi que celles des Industriels et Commerçants.

Paris, Octobre 1906.

HENRY BACHRUCH.

Projet de Budget de l'Exposition Flottante

RECETTES

Base : Le Vapeur « Angelica zum Bach » de la Compagnie de Transports et d'approvisionnements économiques.

700 mètres de surface utilisable à fr. 500, le mètre ;	fr.	350.000
Subventions diverses (pour mémoire)............	—	» »
	fr.	350.000

L'Angelica dont nous parlons — bateau de 2.700 tonnes — présente une surface brute de 1.128 mètres carrés. La surface de *700 mètres* que nous comptons utilisable pour notre Exposition n'est nullement exagérée, au contraire. Nous pouvons utiliser, suivant le bateau qui sera mis à notre disposition, l'entrepont, les cales et salons. En outre, il nous a été dit, aux Compagnies de Navigation, qu'il existe des bateaux d'un tonnage bien inférieur au Chateaurenault, sur lesquels on peut utiliser un espace de 1.000, 2.000 *et même* 3.000 *mètres*. Nous pensons que l'Etat pourra nous accorder facilement un vapeur un peu plus grand que l'Angelica ayant une surface utilisable de 1.000 mètres ; pour cela un navire de 3.200 à 3.500 tonnes suffirait largement. *Dans cette dernière éventualité on arriverait à francs* 500.000 *de Recettes*. Nous restons donc très réservés en nous tenant dans les limites de 700 mètres, soit *francs 350.000* de recettes non compris les subventions. Si l'espace disponible est supérieur à celui estimé, si des subventions sont allouées par différentes corporations, le droit de location pourra être réduit ou une ristourne pourra être faite aux Exposants sur le reliquat de l'entreprise.

DÉPENSES

Aménagement :			
Tapissier, meubles		fr.	60.000 »
Menuisier, charpentier, serrurier, peintre		—	35.000 »
Nourriture :			
Nourriture de 34 personnes employées (y compris 2 cuisiniers et 2 garçons) à fr. 5, par jour, pour 190 jours	fr. 32.300 »		
Moins pour 8 Volontaires non nourris	— 7.600 »		
	fr. 24.700 »	—	26.000 »
Appointements :			
Appointements de 30 employés, pour 6 mois environ		—	28.000 »
Appointements du Directeur		—	6.000 »
Salaire de 4 garçons de service		—	2.000 »
Salaire de 2 cuisiniers			2.000 »
Frais de représentation alloués au Directeur pour réceptions et dîners		—	6.000 »
Frais divers :			
Frais correspondance poste		—	4.000 »
Voitures, petits frais de transport		—	3.000 »
Annonces, papiers imprimés, circulaires, notes.		—	4.000 »
Frais de bureau du Comité de Paris (loyer compris)		—	8.000 »
Deux employés pour le bureau du Comité (un au port d'embarquement)		—	3.500 »
Transport en chemin de fer d'un certain nombre d'employés et quelques membres du Comité de Paris		—	2.500 »
Divers frais pour l'organisation de l'Exposition, entretien et assurance de l'aménagement (sans les marchandises)		—	8.000 »
Pour achat d'échantillons d'articles étrangers pouvant être manufacturés, avec avantage, par l'Industrie française. (En cas de besoin somme pouvant être augmentée par le Comité sur demande du Directeur)		—	1.000 »
Frais d'embarquement et débarquement des marchandises		—	1.000 »
Frais de pilotage, entrée des ports		—	20.000 »
Fonds de réserve à Paris, pour dépenses diverses et imprévues		—	30.000 »
		fr.	250.000 »

RÉCAPITULATION..	Recettes	fr.	350.000 »
	Dépenses	—	250.000 »
	Excédent de recettes	—	100.000 »
	Plus Fonds de réserve		30.000 »

TABLEAU COMPARATIF

des Importations et Exportations de la France et l'Allemagne pendant les Années 1904 et 1905

1904	ALLEMAGNE	FRANCE	Surplus en faveur de l'Allemagne
	Francs	*Francs*	*Francs*
EXPORTATIONS	6.564.000.000	4.451.000.000	2.113.000.000
IMPORTATIONS	8.477.000.000	4.502.000.000	3.975.000.000
Totaux	15.041.000.000	8.953.000.000	6.088.000.000

1905	ALLEMAGNE	FRANCE	Surplus en faveur de l'Allemagne
	Francs	*Francs*	*Francs*
EXPORTATIONS	7.031.000.000	4.867.000.000	2.164.000.000
IMPORTATIONS	8.702.000.000	4.779.000.000	3.923.000.000
Totaux	15.733.000.000	9.646.000.000	6.087.000.000

TABLEAU

des Exportations et Importations de l'Allemagne pendant les dix dernières années

		IMPORTATIONS		EXPORTATIONS
1896...........	marks	4.307.000.000	marks	3.525.000.000
1897...........		4.681.000.000	-	3.635.000.000
1898...........		5.081.000.000		3.757.000.000
1899...........		5.483.000.000		4.207.000.000
1900...........		5.766.000.000		4.611.000.000
1901...........		5.677.000.000		4.677.000.000
1902...........		5.806.000.000		4.813.000.000
1903...........		6.321.000.000		5.130.000.000
1904...........		6.864.000.000		5.315.000.000
1905...........		7.046.000.000	-	5.693.000.000

TABLEAU

des Importations et Exportations de la France pendant les 9 premiers mois de 1906 comparativement avec la même période en 1905

	IMPORTATIONS	EXPORTATIONS
1905	fr. 3.506.000.000	fr. 3.490.000.000
1906	— 3.824.000.000	— 3.685.000.000
Augmentation en faveur de 1906	fr. 318.000.000	fr. 195.000.000

D'après l'examen des chiffres d'échanges avec chaque pays, il résulte que pendant les 9 premiers mois de 1906, nous avons acheté en plus, comparativement avec la période correspondante en 1905 :

En Angleterre pour	59.134.000 fr.
En Allemagne pour	54.095.000 —
En Belgique pour	31.954.000 —
En Italie pour	16.524.000 —

Et nous avons acheté en moins :

En Espagne pour	16.663.000 —
En Russie pour	6.290.000 —
Aux Etats-Unis	2.017.000 —

Par contre on trouve que nos Exportations ont augmenté de :

Aux Etats-Unis de	76.547.000 fr.
En République Argentine de	21.598.000 —
En Angleterre de	13.633.000 —
En Italie de	11.958.000 —
En Turquie de	9.500.000 —
Au Brésil de	8.689.000 —
En Espagne de	6.746.000 —
En Belgique de	4.452.000 —
En Russie de	4.109.000 —

Mais elle ont fléchi de :

En Allemagne	7.350.000 fr.

Table des Matières

Imp. M. Bousrez, Poitiers. — A. Vacher, Représentant, 2, Place Martin-Nadaud, Paris. Tél. 902-38.

www.ingramcontent.com/pod-product-compliance
Lightning Source LLC
LaVergne TN
LVHW050507160826
845677LV00003B/997